全国技工院校制冷设备运用与维修专业（中/高级技能层级）

制冷技术基础

（第三版）习题册

朱　芬　主编

中国劳动社会保障出版社

简介

本习题册是全国技工院校制冷设备运用与维修专业教材（中/高级技能层级）《制冷技术基础（第三版）》的配套用书。本习题册紧扣教学要求，按照教材章节顺序编排，难易配置适当，有助于学生复习巩固所学知识。

本习题册由朱芬担任主编，邓米美参加编写。

图书在版编目(CIP)数据

制冷技术基础（第三版）习题册/朱芬主编. --北京：中国劳动社会保障出版社，2019
全国技工院校制冷设备运用与维修专业. 中/高级技能层级
ISBN 978 - 7 - 5167 - 4101 - 6

Ⅰ. ①制… Ⅱ. ①朱… Ⅲ. ①制冷技术-中等专业学校-习题集 Ⅳ. ①TB66-44

中国版本图书馆 CIP 数据核字(2019)第 146165 号

中国劳动社会保障出版社出版发行
（北京市惠新东街 1 号　邮政编码：100029）
*
北京昌联印刷有限公司印刷装订　　新华书店经销
787 毫米×1092 毫米　16 开本　3 印张　65 千字
2019 年 8 月第 1 版　　2025 年 5 月第 5 次印刷
定价：6.00 元

营销中心电话：400-606-6496
出版社网址：http://www.class.com.cn
http://jg.class.com.cn

版权专有　　侵权必究
如有印装差错，请与本社联系调换：(010) 81211666
我社将与版权执法机关配合，大力打击盗印、销售和使用盗版图书活动，敬请广大读者协助举报，经查实将给予举报者奖励。
举报电话：(010) 64954652

目　录

第一章　制冷技术基础知识

§1—1　压　　力

一、填空题（将正确答案填写在横线上）

1. 在制冷领域习惯把流体的压强称为__________。
2. 大气所产生的压力称为__________，简称__________。
3. 直接作用于物体表面的压力，物体承受的实际压力，称为__________。
4. 绝对压力与当地大气压力之差，称为__________。
5. 1 MPa＝__________ kPa＝__________ Pa。

二、判断题（正确的，在括号内打“√”；错误的，在括号内打“×”）

1. 大气就是空气。　（　　）
2. 压力的大小可以用液柱的高度来表示。　（　　）
3. 表压力是指压力表直接测量出来的压力值。　（　　）
4. 密封在容器中的空气可以称为大气。　（　　）
5. 海拔越高，大气压力越大。　（　　）

三、简答题

1. 从微观上说明流体压力产生的过程，并举例说明。

2. 简要说明如何用不同物质的液柱高度来测量流体的压力。

四、计算题

1. 当地大气压为 0.1 MPa 时，用一只质量良好的压力表测得某一压力容器中气体的压力为 0.52 MPa，则该压力容器中流体的绝对压力和相对压力分别是多少？

2. 在对一台有故障的家用电冰箱回气管测试压力时，看到真空压力表的读数为 −0.01 MPa，则这时制冷剂回气的真空度是多少？绝对压力是多少？

§1—2　温度与热量

一、填空题（将正确答案填写在横线上）

1. 分子平均运动速度越大，物体的温度就越______，反之温度就越______。
2. 温度从微观上反映了物体分子热运动的____________程度，宏观上反映了物体的__________程度。
3. 三种常用的温标有____________、____________、____________。
4. 水的比热容为______（kJ/kg · ℃），冰的比热容为______（kJ/kg · ℃）。
5. 物体的质量与其质量比热容的乘积称为______________。
6. 物体温度的变化大小与传递的热量以及物体的____________有关。
7. 100℃＝______ K＝______ ℉。

二、判断题（正确的，在括号内打“√”；错误的，在括号内打“×”）

1. 同一物体吸收热量与温升成正比。（　　）
2. 质量相等的不同物体吸收同等热量温升相同。（　　）
3. 热容量大的物体升高或降低同样的温度需要吸收或放出的热量更多，反之更少。（　　）
4. 热量是在内能发生转移的时候产生的。（　　）
5. 同一物体，吸收或放出的热量不同，温度的变化不同。（　　）

6. 比热容体现了物体吸收热量的能力。 （ ）

三、名词解释

1. 比热容

2. 热容量

四、计算题

1. 温标换算：

（1）40℃＝______K （2）300 K＝______℉

2. 将质量 1 kg 的水从 25℃加热到 75℃需要吸收多少热量？

3. 将 5 kg 的瘦牛肉由 20℃加热到 75℃至少需要吸收多少热量？［已知瘦牛肉的质量热容为 3.21（kJ/kg・℃）］

§1—3　传　　热

一、填空题（将正确答案填写在横线上）

1. 热量传递的方式有＿＿＿＿＿＿、＿＿＿＿＿＿和＿＿＿＿＿＿3 种基本形式。

2. 发生热量传递的原动力是＿＿＿＿＿＿。

3. 就表面对流换热而言，表面积越大，放热系数越大，则单位时间内的换热量就越＿＿＿＿＿＿。

4. 对流换热分＿＿＿＿＿＿和＿＿＿＿＿＿2 种方式。

二、判断题（正确的，在括号内打“√”；错误的，在括号内打“×”）

1. 在自然条件下，热量总是从高温物体传向低温物体。（　　）

2. 在辐射换热中，低温物体也向高温物体辐射热量。（　　）

3. 物体的导热系数越大，其导热能力就越强。（　　）

4. 冷空气会自然下沉，热空气会自然上升。（　　）

5. 两个物体在没有接触的情况下也可以通过热辐射传递热量。（　　）

三、简答题

1. 请分别解释热传导、对流换热和热辐射的含义。

2. 在冬季的雪地里放上一小块黑色布块，等太阳出来后黑布下没有被阳光照到的那部分雪反而容易融化，这是为什么？

3. 试说明在家用电冰箱中是如何利用和避免热传导的。

4. 影响热辐射换热量大小的因素有哪些？

四、计算题

1. 某立式冷藏箱的箱体长、宽、高分别为 0.5 m、0.5 m、1.8 m，箱体保温层厚度约为 0.05 m，箱体保温材料的导热系数为 0.1 kJ/(m·h·℃)；正常工作时箱内平均温度约为 4℃，日平均室温约为 24℃。求每天经热传导途径进入箱内的热量约有多少？

2. 将一瓶 20℃、500 mL 的矿泉水放入冰柜冷冻到－5℃，试求整个过程中瓶中的矿泉水要放出多少热量？

§1—4　物态变化

一、填空题（将正确答案填写在横线上）

1. 物质处于何种物态，是由____________和____________两个方面因素决定的。

2. 物质由液态变为气态，要____________热量，物质由气态变为液态，要____________热量。

3. 沸腾和蒸发都属于____________。

4. 人们常用干冰进行“人工降雨”。向云层中播撒干冰，干冰在云层中迅速变成气体，同时从云中吸收大量的热，使云中的水蒸气____________成小冰晶，小冰晶逐渐变大下落，在下落过程中，遇到温暖的空气，____________成水滴，落到地上就是雨。

5. 在熔化、汽化、液化、凝固、凝华、升华六种物态变化过程中，吸收热量的分别是____________、____________和____________，放出热量的分别是____________、

____________和____________。

二、判断题（正确的，在括号内打“√”；错误的，在括号内打“×”）

1. 物体吸收了热量，温度一定升高。（　　）
2. 液体温度上升到沸点，但不一定能沸腾。（　　）
3. 所有的气体通过压缩体积都可以液化。（　　）
4. 物质 A 的熔点是 80℃，80℃的物质 A 一定是液体。（　　）
5. 用塑料袋包装蔬菜并放入冰箱冷藏室内是为了减少蒸发。（　　）
6. 所有的气体在温度降到足够低的时候都可以液化。（　　）
7. 寒冬户外，人口中呼出的“白气”属于液化现象。（　　）
8. 雪是水蒸气凝华形成的。（　　）
9. 物质可能会发生物态变化，但其温度一定会升高。（　　）
10. 蒸发和沸腾都是在液体表面进行的汽化现象。（　　）

三、名词解释

1. 显热

2. 潜热

四、简答题

1. 何为相变？物质的相变有哪几种？

2. 简述蒸发和沸腾之间的共同点与区别。

§1—5 饱和蒸气的热力性质

一、填空题（将正确答案填写在横线上）

1. 气液两种物态达到动态平衡的状态时，称为______________。

2. ______________是指处于饱和状态的蒸气；______________是指处于饱和状态的液体。

3. 饱和温度又可以称为______________。

4. 饱和压力随饱和温度的升高而__________，饱和温度随饱和压力的增大而__________。

5. 水在标准大气压下的饱和温度为______。

6. 液体在某压力下的温度，若____________该压力下所对应的饱和温度，称为过冷液体。

7. 若让干饱和蒸气在压力保持不变的条件下吸热，使其温度升高，这种现象称为____________，这时的气体称为____________，超过该饱和压力对应的饱和温度的值称为____________。

8. R134a 在饱和温度为 101.1℃时所对应的饱和压力为____________。

二、判断题（正确的，在括号内打“√”；错误的，在括号内打“×”）

1. 饱和温度就是沸点。 （ ）

2. 饱和蒸气压力随饱和温度的升高而增大。 （ ）

3. 对于制冷剂来说，饱和温度越低越好。 （ ）

4. 制冷剂的临界温度要求远高于环境温度。 （ ）

5. 在密闭空间里，给定的物质的饱和蒸气压力与其体积大小无关，而取决于此时饱和蒸气的温度。 （ ）

6. 气体在某些状态下不论怎样加大压力或者降低温度都无法变成液体。 （ ）

三、名词解释

1. 过热度

2. 湿蒸气

3. 临界状态

四、计算题

在一个标准大气压下，测得水蒸气的温度为120℃，求此水蒸气的过热度为多少？

§1—6 空气的湿度和露点

一、填空题（将正确答案填写在横线上）

1. 湿空气是__________与__________的结合物，简称__________。

2. 蒸发压力越小，则蒸发温度越______，反之，蒸发压力越大，则蒸发温度越______。

3. 在蒸发过程中，制冷剂的干度逐渐__________，而在冷凝过程中，制冷剂的干度逐渐__________。

4. __________是空气开始结露的温度。

5. 露点与含湿量之间有着__________关系，空气中的含湿量越大，露点越______。

6. 湿空气容纳水蒸气的限度与__________有关，温度越______，空气所能容纳的水蒸气越多。

二、判断题（正确的，在括号内打“√”；错误的，在括号内打“×”）

1. 空气中水蒸气超过一定数值后，就会有相应量的水蒸气凝结为水。 （ ）

2. 同温度下，饱和空气的绝对湿度最大。 （ ）

3. 任何情况下，气温越高，湿空气离饱和状态越远。 （ ）

4. 湿度越低，露点温度与气温差越小。 （ ）

5. 露点与空气中的含湿量没有关系。 （ ）

6. 空气达到露点时的相对湿度为100％。 （ ）

三、简答题

1. 什么是露点？为什么空调在制冷的同时可以除湿？

2. 在潮湿的天气里，洗好的衣服为什么不容易晾干？

3. 为什么露水总在夜间或清晨出现，而不在白天出现？

§1—7　热力学基本定律

一、填空题（将正确答案填写在横线上）

1. 热力学第一定律是普遍适用的__________和__________在一切涉及热现象的宏观过程中的具体体现。

2. 焓是系统工质的__________和__________之和，可以用公式________________表达。

3. 0℃的制冷剂饱和液体的焓值记为__________或__________。

4. 制冷的本质就是要把热量从________________转移到________________，使低温更低、高温更高。这一个过程__________进行。

5. __________可以看作是物质的含热量。

6. __________可以看作是制冷剂状态变化时热量传递的程度。

7. 在压焓图中，饱和液体线左边是__________，饱和蒸气线右边是__________。

8. 温熵图中有__________点、三区（__________、__________、__________）、五态（___________________、___________________、___________________、___________________、___________________）。

二、判断题（正确的，在括号内打“√”；错误的，在括号内打“×”）

1. 热力学第一定律的实质就是能量守恒。　（　　）

2. 永动机在科技发展技术成熟后是可以实现的。 ( )

3. 要将热量从温度较低处转移至较高处，就必须消耗外界提供的能量才能实现。 ( )

4. 制冷剂的焓值越大，它所能转移的热量就越多。 ( )

5. 制冷剂的熵值越大，那么当它状态变化时热量传递过程中的损耗就越大。 ( )

6. 熵可以作为在一定条件下确定过程进行方向的标志。 ( )

7. 在压焓图中，制冷剂处于临界点以上全都为液态。 ( )

8. 在压焓图中，制冷剂处于两相区时为湿蒸气状态。 ( )

三、简答题

1. 请简述热力学第一定律与第二定律。

2. 何为焓？焓最重要的特性是什么？

四、识图题（教材附图 2）

已知氟利昂 R134a 制冷剂温度 t 为 25℃，绝对压力 p 为 1.8 MPa，制冷剂呈什么状态？当其温度为 −20℃，焓值为 437.44 KJ/kg 时，氟利昂 R134a 呈什么状态？压力为 1.2 MPa，比容为 0.008 m^3/kg 的氟利昂 R134a 呈什么状态？

第二章　制冷概述

§2—1　制冷的概念、分类和应用

一、填空题（将正确答案填写在横线上）

1. 利用液态物质汽化获取低温的方法称为__________制冷，俗称__________法制冷。

2. 制冷可根据取得的低温范围划分为____________________、____________________和______________。

二、简答题

1. 什么是制冷？

2. 请举例说明制冷在生活和工业上的应用。

§2—2　制冷的方法及基本原理

一、填空题（将正确答案填写在横线上）

1. 蒸气压缩式制冷系统由______________、______________、______________、______________4个基本部件组成。

2. 制冷剂在蒸发器从__________（状态）变成__________（状态）。

3. 根据实现制冷的手段不同，液化汽化法制冷分为______________、______________、______________3种。

4. 吸收式制冷是以____________________________来实现制冷循环。

5. 蒸气喷射式制冷是一种以____________________的相变制冷，它是利用__________

作为制冷剂在低压下__________制冷的。

6. 空气压缩式制冷是利用________________________________来获取低温的。

7. 空气压缩式制冷系统主要由__________、__________、__________、__________等组成。

8. 温差热电制冷也称__________。

9. 半导体制冷的基本单元是__________，主要由__________和__________组成。

二、判断题（正确的，在括号内打“√”；错误的，在括号内打“×”）

1. 将冰块放入盛有红葡萄酒的杯中以降低酒的温度，这是一种制冷方法。（ ）
2. 制冷是一个逆向传热过程，不可能自发进行。（ ）
3. 制冷循环中应用液体过冷对改善制冷循环的性能总是有利的。（ ）
4. 回热循环中的过热属于蒸气有效过热。（ ）
5. 制冷循环中应用蒸气过热是为了提高制冷循环的制冷系数。（ ）
6. 蒸气压缩式制冷系统，当冷凝温度升高时，制冷量将增加。（ ）
7. 制冷剂在流过节流装置后，温度和压力都会下降。（ ）
8. 空气压缩式制冷一般用于深度制冷和低温技术中。（ ）

三、名词解释

1. 温差热电制冷

2. 半导体制冷

3. 磁制冷

四、简答题

1. 蒸气压缩式制冷循环包含哪些热力过程？

2. 试从能量的角度简要说明蒸气压缩式制冷的实质。

3. 蒸气喷射式制冷有哪些特点？

4. 磁制冷有哪些优点？

5. 半导体制冷有哪些优点？

五、综合题

1. 试画出蒸气压缩式制冷系统的基本组成图。

2. 试画出吸收式制冷系统的基本组成图，并简要说明其制冷过程。

§2—3　热泵及其原理

一、填空题（将正确答案填写在横线上）

热泵是____________________的装置。

二、判断题（正确的，在括号内打“√”；错误的，在括号内打“×”）

1. 热泵可以将热量从温度较低的物体传向温度较高的物体。（　　）
2. 利用热泵可以向高温区放热。（　　）
3. 热泵的原理有悖于热力学第一定律。（　　）

三、简答题

1. 热泵与制冷装置有哪些异同？

2. 举例说明热泵在生活中的应用。

第三章　制冷剂、载冷剂与冷冻机油

§3—1　制　冷　剂

一、填空题（将正确答案填写在横线上）

1. 饱和碳氢化合物的分子通式为__________。

2. 几种常用制冷剂的正常蒸发温度分别为：R717 ______℃；R134a ______℃；R502 ______℃；R600a ______℃。

3. R134a 属于__________的氟利昂制冷剂。

4. 按标准沸点和冷凝压力，制冷剂可分为__________、____________、____________。

5. R600a 的分子式为__________，属于______化合物。

二、判断题（正确的，在括号内打“√”；错误的，在括号内打“×”）

1. 液体汽化时都会吸收热量，所以只要是液体就可以作为制冷剂。（　　）

2. 要求制冷剂的蒸发压力略高于大气压。（　　）

3. 制冷剂的导热系数要高，黏度和密度要小。（　　）

4. 制冷剂的临界温度和沸点都是越低越好。（　　）

5. R134a 的压力适中、传热性好、化学稳定性好、不燃烧，生产成本也低于 R12，所以是 R12 常用的替代品。（　　）

6. R717 难溶于油。（　　）

7. R600a 与矿物油能完全相溶。（　　）

三、名词解释

1. 制冷剂

2. 共沸制冷剂

四、简答题

1. 请简述对制冷剂的主要要求有哪几个方面？

2. 简述 R134a 的性质和特征。

3. 简述氨制冷剂的性质。

五、综合题

为下列制冷剂命名：

（1）CCl_2F_2　（2）CO_2　（3）C_2H_6　（4）NH_3

§3—2 载 冷 剂

一、填空题（将正确答案填写在横线上）

1. 载冷剂又称为＿＿＿＿＿＿＿，它在间接制冷系统中作为一种中间介质。

2. ＿＿＿＿＿＿是用于空气调节间接制冷系统中最好的载冷剂。

3. 通常制冷温度在 0℃以下的间接制冷系统中，常用＿＿＿＿＿＿＿作为载冷剂。

4. 食品加工用间接制冷系统，一般选择＿＿＿＿＿＿＿、＿＿＿＿＿＿＿、＿＿＿＿＿＿＿作为载冷剂。

二、判断题（正确的，在括号内打“√”；错误的，在括号内打“×”）

1. 载冷剂传热性要好，比热容要大。（ ）

2. 载冷剂沸点、凝固点都要高。（ ）

三、简答题

1. 什么是载冷剂？它的作用是什么？

2. 简述对载冷剂的要求。

3. 常用的载冷剂有哪些？各有什么特点？

§3—3　冷 冻 机 油

简答题

1. 简述冷冻机油的功能与作用。

2. 简述对冷冻机油的主要要求。

第四章　单级蒸气压缩式制冷循环

§4—1　理想制冷循环

一、填空题（将正确答案填写在横线上）

1. 制冷系数越______，制冷设备的工作效率越______。

2. 家用电冰箱的制冷系数通常在______________之间。

3. 通常外界环境的温度越低，热泵的供暖效率也越______，供暖系数越______。

4. 降低______温热源温度的同时，提高______温热源温度，能使循环效率得到提高。

5. 低温热源的温度对制冷效率的影响比高温热源的温度更______。

6. 当制冷剂工质与高温热源、低温热源之间存在传热温差时，制冷设备的效率随之______。

7. 通常用____________来反映实际制冷循环的品质。

二、判断题（正确的，在括号内打“√”；错误的，在括号内打“×”）

1. 低温热源的温度越低，高温热源的温度越高，制冷循环的制冷系数越高。（　　）

2. 实际中的制冷系数可能大于 1，也可能小于等于 1。（　　）

3. 理想制冷循环的效率取决于高温、低温热源的温度高低和采用的制冷剂工质的种类。（　　）

4. 所有工作于同温度高温热源和同温度低温热源之间的一切制冷循环中，可逆制冷循环的效率最高。（　　）

5. 传热温差对制冷设备的效率没有影响。（　　）

三、名词解释

1. 制冷系数

2. 可逆过程

3. 逆卡诺循环

四、简答题

同一台无辅助电加热的热泵型空调器，在冬季的供暖效果不如在夏季时的制冷效果好，试对此现象进行解释。

五、计算题

1. 某制冷设备每消耗 1 度电能，约可得 10 800 KJ 的冷量，求其制冷系数。

2. 某标准的 3 匹柜式空调器在冬季工作时的标准制热量约 6 500 W，求其供暖系数。

§4—2 单级蒸气压缩式理论制冷循环

一、填空题（将正确答案填写在横线上）

1. 单级蒸气压缩式理论制冷循环中，压缩过程为__________蒸气的__________过程。该过程中，制冷剂工质由__________变成__________的过热蒸气。

2. 在单级蒸气压缩理论制冷循环中，__________和__________过程中存在传热温差两个不可逆因素。

二、名词解释

1. 单位质量制冷量

2. 单位容积制冷量

3. 单位理论功

4. 单位冷凝器负荷

三、综合题

试画出单级蒸气压缩式理论制冷循环的压焓图，并根据相应状态点的焓值和温度分别计算出：

(1) 单位质量制冷量；

(2) 单位理论功；

(3) 单位冷凝器热负荷；

(4) 制冷系数；

(5) 热力完善度。

§4—3　单级蒸气压缩式实际制冷循环

一、填空题（将正确答案填写在横线上）

1. 为了减少和杜绝制冷循环在节流过程中__________的产生，通常会人为地让制冷剂在冷凝后进一步过冷。

2. 实际的节流过程并不能做到完全的__________、__________，节流后制冷剂的焓值会有所增加。

3. 由于压缩机运动部件存在摩擦，压缩机高压部分与低压部分存在__________，活塞式压缩机存在着__________都会造成压缩机的实际输气量的__________，从而循环效率__________。

二、判断题（正确的，在括号内打“√”；错误的，在括号内打“×”）

1. 由于压缩机吸入的是过热蒸气，所以降低了实际制冷循环的制冷剂的有效循环量。（　）

2. 换热器存在正常的换热温差，会产生沿程压降，从而增大能耗，降低效率。（　）

3. 对实际制冷循环进行简化分析时，可以认为蒸发温度和冷凝温度恒定不变。（　）

三、简答题

简要地定性分析影响实际制冷循环中制冷效率的主要因素。

四、综合题

试分别画出单级蒸气压缩式实际制冷循环及其简化后的压焓图。

第五章　多级蒸气压缩式制冷、复叠式制冷、混合工质制冷循环

§5—1　多级蒸气压缩式制冷循环

一、填空题（将正确答案填写在横线上）

1. 为了获得较低的蒸发温度，就必须降低__________。而压力的降低必将导致制冷压缩机的__________增大。

2. 当压缩比大于__________后，普通活塞式压缩机的容积系数几乎为__________，基本失去吸入低压制冷剂回气的能力。

3. 单级蒸气压缩式制冷循环的蒸发温度一般只能达到__________，如果需要更低的温度并具有不太低的工作效率，则需采用__________或__________。

4. 一次节流中间完全冷却两级压缩制冷系统主要由__________、__________、__________、__________、__________和__________等设备组成。

5. 最佳中间压力或最佳中间温度的准确选定对循环的__________、__________、__________和__________等都有直接的影响。

二、判断题（正确的，在括号内打“√”；错误的，在括号内打“×”）

1. 采用多级蒸气压缩式制冷循环会导致系统变复杂，降低制冷效果。（　　）

2. 采用多级蒸气压缩式制冷循环可降低各级压缩比，提高制冷量。（　　）

3. 一次节流中间不完全冷却两级压缩制冷循环较适用于氟利昂制冷系统。（　　）

4. 一次节流中间完全冷却两级压缩制冷循环较适用于大型氨制冷系统。（　　）

三、简答题

1. 在制取－40℃及以下的低温时，为何不采用单级蒸气压缩式制冷循环？

2. 两级蒸气压缩式制冷循环通常有哪几种基本形式？

3. 如何确定两级压缩式制冷循环的中间压力？

四、综合题

试画出一次节流中间完全冷却两级压缩式制冷循环系统的基本组成图，并简要分析其工作过程。

§5—2　复叠式制冷循环

一、填空题（将正确答案填写在横线上）

1. 二元复叠式制冷循环由两个独立的制冷系统组合而成：一个是__________制冷系统，通常采用__________制冷剂；一个是__________制冷系统，通常采用__________制冷剂。

2. 复叠式制冷循环一般需采用__________、__________、__________等设备，并需采用__________，系统较复杂。

二、判断题（正确的，在括号内打“√”；错误的，在括号内打“×”）

1. 复叠式制冷循环可以获得－130℃的低温。（　　）
2. 复叠式制冷循环除了采用制冷四大部件之外，还需采用多元制冷剂，系统比较复杂。（　　）

三、名词解释

复叠式制冷循环

四、简答题

1. 与多级蒸气压缩式制冷循环相比，复叠式制冷循环有哪些特点？

2. 采用复叠式制冷循环的原因有哪些？

§5—3　混合工质制冷剂制冷循环

一、填空题（将正确答案填写在横线上）

1. 劳伦兹循环是由两个__________过程和__________过程组成的__________。
2. 在混合制冷冷凝过程中，__________制冷剂最先被冷凝。

二、判断题（正确的，在括号内打“√”；错误的，在括号内打“×”）

1. 劳伦兹循环的传热温差为无限小。（　　）
2. 劳伦兹循环的制冷系数是相同条件下的所有变温热源逆向循环中最高的。（　　）
3. 混合制冷剂应保持预定的浓度才能表现出优良的性能。（　　）
4. 实际制冷为减少制冷压缩机的压力比和便于低温制冷剂的冷凝，常采用高沸点的中

温制冷剂节流汽化吸热。 ( )

三、简答题

1. 混合制冷剂压缩制冷循环有哪些特点？

2. 劳伦兹循环对解决实际制冷循环中出现的问题、提高制冷效率有哪些指导意义？

第六章　吸收式制冷循环

§6—1　溶液及其特性

一、填空题（将正确答案填写在横线上）

1. 在溶液中，习惯上把占比例较大的组分叫__________，而把其他的组分叫__________。

2. 在理想溶液中，某组分的蒸气分压力与该组分的摩尔浓度成__________比。

3. 对于多元液体，当溶液与蒸气平衡共存时，溶液表面上部某组分的分压力就是该组分的______________。

二、名词解释

1. 溶液

2. 溶解热

三、简答题

何为理想溶液？实际中什么情况下可以将溶液看成理想溶液？

§6—2　吸收式制冷循环的工质与工质对

一、填空题（将正确答案填写在横线上）

1. 吸收式制冷循环依靠溶液的__________循环来实现制冷剂的__________循环。

2. 甲醇、乙醇有较大的__________，对金属没有腐蚀作用，是较好的制冷剂。

3. 常压下，溴化锂的沸点为__________。

4. 在氨-水溶液中，__________是制冷剂，__________是吸收剂。

二、判断题（正确的，在括号内打“√”；错误的，在括号内打“×”）

1. 吸收式制冷属于相变制冷，以消耗低品位的热能作为循环的补偿。 （ ）
2. 吸收式制冷的吸收剂与制冷剂的沸点相差很大。 （ ）
3. 以水作为制冷剂的吸收式制冷循环工质对一般都对设备的腐蚀性很小。 （ ）
4. 用水作为制冷剂仅限于空调制冷。 （ ）
5. 溴化锂-水溶液的质量热容比水的质量热容要小，并且随温度的升高而增大。 （ ）

三、简答题

1. 对吸收式制冷循环工质对中的制冷剂和吸收剂各有哪些主要要求？

2. 吸收式制冷循环工质对大致分为哪四类？

3. 溴化锂-水溶液具有哪些物理特性？

4. 氨-水溶液具有哪些物理特性？

§6—3　溴化锂吸收式制冷循环

一、填空题（将正确答案填写在横线上）

1. 溴化锂吸收式制冷循环以__________为制冷剂，__________为吸收剂，蒸发温度在__________以上，因此比较适用于__________。这种吸收式制冷机可用__________蒸气或__________以上的热水作为热源。

2. 单效溴化锂吸收式制冷机系统中设有________________、________________、________________、________________、发生器泵、吸收器泵、节流装置、溶液热交换器等设备。

3. 在单效溴化锂吸收式制冷循环中，________________与________________的压力较高，通常将其设在一个密封的筒体内，称为________________；________________和________________的压力较低，称为________________。

二、简答题

1. 单效溴化锂吸收式制冷机与双效机在结构上有哪些主要区别？

2. 请用五个热力过程来描述吸收式制冷。

3. 溴化锂吸收式制冷循环中设置溶液热交换器的作用是什么？

§6—4 影响溴化锂吸收式制冷的主要因素

一、填空题（将正确答案填写在横线上）

1. 溴化锂吸收式制冷循环以__________为动力，耗电少。

2. 溴化锂吸收式制冷循环的制冷量随工作蒸气压力的升高而__________，随压力的降低而__________。

3. 溴化锂吸收式制冷的工作蒸气压力以高压发生器出口浓溶液温度不超过__________为准。

二、判断题（正确的，在括号内打“√”；错误的，在括号内打“×”）

1. 溴化锂吸收式制冷循环中，其他参数不变时，制冷量随冷媒水出口温度的升高而增大，随温度的降低而减小。（ ）

2. 通过抽取不凝性气体可以提高溴化锂吸收式制冷循环的效率。（ ）

3. 在溴化锂溶液中加入铬酸锂可以减少溴化锂对金属的腐蚀作用。（ ）

4. 冷却水与冷媒水的水质对溴化锂吸收式制冷没有影响。（ ）

三、简答题

1. 溴化锂吸收式制冷循环的优缺点分别是什么？

2. 可以采取哪些有效方法提高溴化锂吸收式制冷的性能？

复习模拟卷一

一、填空题（将正确答案填写在横线上）

1. 在制冷的发展史中，________________被称为制冷的鼻祖，因为此人在1841年发明了以______________为制冷剂的制冷机组。

2. 热力状态基本参数分别是______________、______________和______________。

3. 温度是表示物体__________不同程度的物理量，也是大量分子移动的__________平均值的标志。

4. 压力也叫__________，是指单位__________所承受的垂直作用力。

5. 热力状态导出参数分别是______________、______________和______________。

6. 当物体吸收显热时，该物体的温度__________，状态__________。

7. 固体变为液体的过程称为__________，气体直接变为固体的过程称为__________。

8. 液体沸腾时所保持不变的温度称为__________，又称为某一压力下的__________温度，与该温度相对应的压力称为饱和压力。

9. 传热有3种形式，分别为________________、________________、________________。

10. 热对流又分为________________、________________2种形式。

11. R717属于__________化合物类制冷剂，它的化学分子式为__________。

12. R502属于共沸制冷剂，它是由________________与________________按一定的比例混合而成的。

13. 从制冷可达到的温度区间来看，R11属于__________制冷剂，R13属于__________制冷剂。

14. R717与R134a对比，__________的制冷效率高，__________的溶油性好。

15. 润滑油的主要作用是__________、__________以及清洗。

16. 水属于__________载冷剂，是空调系统中最常用的载冷剂。

二、简答题

1. 请阐述制冷的含义。

2. 请阐述热力学第一定律的内容。

3. 请阐述传热的含义。

4. 简述蒸发与沸腾的相同点与不同点？可画图表示。

三、计算题

1. 已知有一温度点，摄氏温标显示为20℃，该温度点的绝对温标为多少？

2. 已知有一压力点，绝对压力显示为0.05 MPa，该压力点的表压力为多少？

3. 已知有 10 kg 水，水的温度为 20℃，现要将水在一个标准大气压下全部变为水蒸气，共需要多少热量？（$c_{水}$ =1 kcal/kg・℃　$\lambda_{水\to汽}$ =539 kcal/kg・℃）

4. 已知有一冷库，库内温度为－20℃，库外温度为 20℃，库长 10 m、宽 10 m、高 5 m，每天经围护结构散失的冷量是多少？（冷库围护结构的传热系数 K =0.5 kcal/m^2h℃）

复习模拟卷二

一、填空题（将正确答案填写在横线上）

1. 大气所产生的压力称为__________，简称__________。可分为__________压力和__________压力。

2. 海拔越__________，大气压力越__________。

3. __________体现了物体吸收热量能力。

4. 热量传递的方式有__________、__________和__________3种形式。

5. 热力学第二定律表明，在自然条件下，热量总是从__________物体传向__________物体。

6. 物质由液态变为气态，称为__________，要__________热量，由气态变为液态，称为__________，要__________热量。

7. 雪是水蒸气__________形成的。

8. 蒸发和沸腾都是在液体表面进行的__________现象。

9. 饱和蒸气压力随饱和温度的升高而__________。

10. 压焓图上有______________、______________、______________、______________、______________、______________6个状态参数。

11. 由两种或两种以上的纯制冷剂以一定的比例混合而成，具有共同沸点的制冷剂称为__________________。

12. 蒸发的作用是使制冷剂从__________变成__________，从而__________热量。

13. 吸收式制冷系统使用的工质有______________和______________两种，称为工质对。

二、简答题

1. 请阐述制冷剂的概念。

2. 请阐述热力学第二定律的内容。

3. 请阐述传热的 3 种方式。

4. 简述显热与潜热的相同点与不同点。

三、计算题

1. 已知有一温度点，摄氏温标显示为 10℃，该温度点的华氏温标为多少？

2. 已知在标准大气压下，测得某点的压力为 360 Pa，该点的绝对压力为多少？

3. 将 10 kg 的瘦牛肉由 35℃冷却到 5℃至少需要放出多少焦耳的热量？[已知瘦牛肉的质量热容为 3.21（kJ/kg·℃）]

4. 已知某标准的 3 匹柜式空调器在冬季工作时的标准制热量约 4 500 W，求其供暖系数。

四、综合题

1. 试画出单级蒸气压缩式制冷实际循环图和其相应的压焓图。

2. 请画出蒸气压缩式制冷系统的工作原理结构图，并标出系统中各处制冷剂的工作状态（温度、压力和物质状态）以及制冷剂的流向，另阐述每个部件的作用。

复习模拟卷三

一、填空题（将正确答案填写在横线上）

1. 直接作用于物体表面的压力，物体承受的实际压力，称为__________。

2. 1 atm=__________ Pa=__________ mmHg。

3. __________是指压力表直接测量出来的压力值。

4. 三个常用温标有________________、________________、________________，它们之间的换算关系式是________________、________________。

5. __________体现了物体吸收热量的能力。

6. 对流换热有________________和________________ 2 种方式。

7. 物质的升华是由__________变成__________。

8. 制冷剂放热液化的过程属于________________。

9. 使制冷剂汽化的方法是__________（加热或降温）和__________（升压或减压）。

10. 载冷剂分为________________、________________、________________。

11. __________是制冷系统中的“心脏”，在制冷系统中主要有__________和__________制冷剂。

12. 毛细管是制冷系统中的__________装置。

13. 理想的蒸气压缩式制冷循环由________________、________________、________________、________________几个过程组成。

14. 蒸气喷射式制冷是一种以____________________的相变制冷，它是利用__________作为制冷剂在__________（高或低）压下制冷。

15. 以下制冷剂的正常蒸发温度分别为：R717 ______℃；R134a ______℃；R502 ______℃；R600a ______℃。

二、简答题

1. 简述蒸发和沸腾现象，它们都属于汽化吗？

2. 简述常用制冷剂 R134a 的特性。

3. 简述什么是载冷剂，列举出 3 种常用的载冷剂并简述其特点。

三、计算题

1. 已知有一温度点，开氏温标显示为 300 K，该温度点的摄氏温标为多少？

2. 已知在标准大气压下，测得某点的真空度为 360 Pa，该点的绝对压力为多少？

3. 将质量为 500 g、温度为 30℃的钢加热到 100℃，钢至少需要吸收多少热量？[已知钢的质量热容为 0.575（kJ/kg·℃）]

4. 已知某空调获得 10 800 KJ 的冷量需要消耗 1 度的电能，求这台空调的制冷系数是多少？

四、综合题

试画出一次节流中间完全冷却两级压缩式制冷循环系统的基本组成图，并简要分析其工作过程。